Zeichenerklärung (1)

$=$	gleich
$\neq$	ungleich
$\approx$	gerundet
$<$	kleiner als
$>$	größer als
$\leq$	kleiner/gleich
$\geq$	größer/gleich
$\mathbb{N}$	Natürliche Zahlen
$\mathbb{Z}$	Ganze Zahlen
$\mathbb{Q}$	Rationale Zahlen
$\mathbb{R}$	Reelle Zahlen
$\mathbb{R}\setminus\{0\}$	Reelle Zahlen, Null ausgeschlossen
$\in$	Element von
$\sqrt{}$	Wurzel
$|a|$	Betrag von a
∞	unendlich
$\log_a b$	Logarithmus Basis a von b
lg	Dekadischer Logarithmus (Basis 10)
ln	Natürlicher Logarithmus (Basis e)

Anzeige

Gute Gründe für Nachhilfe in Profi-Qualität

Erfolg in der Schule ist nicht zuletzt eine Frage der individuellen Förderung. Seit 40 Jahren setzt sich der Studienkreis dafür ein, Schülerinnen und Schülern Freude am Lernen zu vermitteln. Unsere Nachhilfelehrer unterstützen jeden einzelnen Schüler kompetent und einfühlsam auf seinem Weg zu besseren Noten.

Neben der Nachhilfe in allen Fächern bereiten wir auch gezielt auf Prüfungen vor und haben mit unserer Kinderlernwelt ein spezielles Förderangebot für Grundschulkinder. Der Studienkreis ist an rund 1.000 Standorten zu finden. Auch in Ihrer Nähe.

So sorgen wir für bessere Noten:
- Erfahrene Nachhilfelehrer
- Individuelle Lernpläne
- Optimales Lernklima
- Top-Lernkonzept – von Experten entwickelt

Mehr Infos unter www.studienkreis.de oder
Telefon 0800 111 12 12 (Mo.–Sa. 8–20 Uhr, gebührenfrei)

Jetzt testen!

Gute-Noten-Gutschein
für 4 kostenlose Probestunden* im Studienkreis

- Einzulösen im Studienkreis in Ihrer Nähe.
- Den nächstgelegenen Studienkreis finden Sie auf www.studienkreis.de und unter Telefon 0800 111 12 12 (Mo.–Sa. 8–20 Uhr, gebührenfrei)*

* 4 x 45 Minuten Unterricht als 2 Doppelstunden in einer kleinen, fachbezogenen Lerngruppe. Pro Person 1 Gutschein einlösbar. Nur für neue Schüler und nur in teilnehmenden Niederlassungen. Der Gutschein ist nicht mit anderen Angeboten kombinierbar.

Zeichenerklärung (2)

e	Eulersche Zahl 2,718 281 828 459 045 235 36....
π	Kreiszahl Pi 3,141 592 653 589 793 238 46....
A∪B	Vereinigungsmenge
A∩B	Schnittmenge
A⊂B	Teilmenge
A\B	Differenzmenge
%	Prozent
sin, cos	Sinus, Cosinus
tan, cot	Tangens, Cotangens
$\sum$	Summenzeichen
Δx	Differenz $(x_2 - x_1)$
f(x)	Funktion von x
$n!$	n Fakultät
α, β, γ	Winkelbezeichnungen

Winkelfunktionen (6)

Darstellung der Tangens- und Cotangensfunktion
(Darstellung im Bogenmaß)

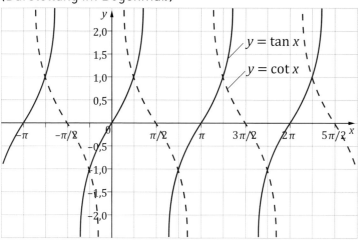

Additionstheoreme

Tangens

$$\tan(x+y) = \frac{\tan x + \tan y}{1 - \tan x \cdot \tan y}$$

$$\tan(x-y) = \frac{\tan x - \tan y}{1 + \tan x \cdot \tan y}$$

Kontangens

$$\cot(x+y) = \frac{\cot x \cdot \cot y - 1}{\cot x + \cot y}$$

$$\cot(x-y) = \frac{\cot x \cdot \cot y + 1}{\cot x - \cot y}$$

Griechisches Alpabet

Α, α	Alpha	Τ, τ	Tau
Β, β	Beta	Υ, υ	Ypsilon
Γ, γ	Gamma	Φ, φ	Phi
Δ, δ	Delta	Χ, χ	Chi
Ε, ε	Epsilon	Ψ, ψ	Psi
Ζ, ζ	Zeta	Ω, ω	Omega
Η, η	Eta		
Θ, θ	Theta		
Ι, ι	Jota		
Κ, κ	Kappa		
Λ, λ	Lambda		
Μ, μ	My		
Ν, ν	Ny		
Ξ, ξ	Xi		
Ο, ο	Omikron		
Π, π	Pi		
Ρ, ρ	Rho		
Σ, ς, σ	Sigma		

Winkelfunktionen (5)

Tangensfunktion
$f(x) = \tan x$

Definitionsbereich: $-\infty < x < \infty$
$x \neq (2k+1) \cdot \dfrac{\pi}{2} \quad (k \in \mathbb{Z})$
Wertebereich: $-\infty < x < \infty$
Nullstelle: $k \cdot \pi \ (k \in \mathbb{Z})$

Cotangensfunktion
$f(x) = \cot x$

Definitionsbereich: $-\infty < x < \infty$
$x \neq k\pi \quad (k \in \mathbb{Z})$
Wertebereich: $-\infty < x < \infty$
Nullstelle: $\dfrac{\pi}{2} + k \cdot \pi \quad (k \in \mathbb{Z})$

Römische Zahlzeichen

I	1	C	100
V	5	D	500
X	10	M	1000
L	50		

➡ Steht ein kleineres Symbol vor einem größeren, so wird die kleinere Zahl von der größeren subtrahiert.

➡ Steht ein kleineres Symbol nach einem größeren, wird die kleinere Zahl zu der größeren Zahl addiert.

➡ Die Symbole I, X, C können höchstens dreimal hintereinander geschrieben werden, die Symbole V, L, D nur einmal.

Beispiel:

1	I	20	XX	15	XV
2	II	30	XXX	28	XXVIII
3	III	40	XL	31	XXXI
4	IV	50	L	46	IVL
5	V	60	LX	52	LII
6	VI	70	LXX	84	LXXXIV
7	VII	80	LXXX	106	CVI
8	VIII	90	XC	302	CCCII
9	IX	100	C	1996	MCMVI
10	X	123	CXXIII	2014	MMXIV

Winkelfunktionen (4)

Darstellung der Sinus- und Cosinusfunktion
(Darstellung im Bogenmaß)

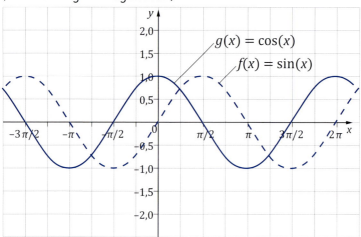

Additionstheoreme

Sinus

$\sin(x+y) = \sin x \cdot \cos y + \cos x \cdot \sin y$

$\sin(x-y) = \sin x \cdot \cos y - \cos x \cdot \sin y$

Kosinus

$\cos(x+y) = \cos x \cdot \cos y - \sin x \cdot \sin y$

$\cos(x-y) = \cos x \cdot \cos y + \sin x \cdot \sin y$

Primzahlen

Natürliche Zahlen, die größer als 1 und nur durch 1 und sich selbst teilbar sind, heißen Primzahlen.

Primzahlen bis 2000

2	3	5	7	11	13	17	19	23	29
31	37	41	43	47	53	59	61	67	71
73	79	83	89	97	101	103	107	109	113
127	131	137	139	149	151	157	163	167	173
179	181	191	193	197	199	211	223	227	229
233	239	241	251	257	263	269	271	277	281
283	293	307	311	313	317	331	337	347	349
353	359	367	373	379	383	389	397	401	409
419	421	431	433	439	443	449	457	461	463
467	479	487	491	499	503	509	521	523	541
547	557	563	569	571	577	587	593	599	601
607	613	617	619	631	641	643	647	653	659
661	673	677	683	691	701	709	719	727	733
739	743	751	757	761	769	773	787	797	809
811	821	823	827	829	839	853	857	859	863
877	881	883	887	907	911	919	929	937	941
947	953	967	971	977	983	991	997	1009	1013
1019	1021	1031	1033	1039	1049	1051	1061	1063	1069
1087	1091	1093	1097	1103	1109	1117	1123	1129	1151
1153	1163	1171	1181	1187	1193	1201	1213	1217	1223
1229	1231	1237	1249	1259	1277	1279	1283	1289	1291
1297	1301	1303	1307	1319	1321	1327	1361	1367	1373
1381	1399	1409	1423	1427	1429	1433	1439	1447	1451
1453	1459	1471	1481	1483	1487	1489	1493	1499	1511
1523	1531	1543	1549	1553	1559	1567	1571	1579	1583
1597	1601	1607	1609	1613	1619	1621	1627	1637	1657
1663	1667	1669	1693	1697	1699	1709	1721	1723	1733
1741	1747	1753	1759	1777	1783	1787	1789	1801	1811
1823	1831	1847	1861	1867	1871	1873	1877	1879	1889
1901	1907	1913	1931	1933	1949	1951	1973	1979	1987
1993	1997	1999							

Winkelfunktionen (3)

Sinusfunktion:
$f(x) = \sin x$

Definitionsbereich: $-\infty < x < \infty$
Wertebereich: $-1 \leq y \leq 1$
Nullstelle: $k \cdot \pi \quad (k \in \mathbb{Z})$

Cosinusfunktion
$f(x) = \cos x$

Definitionsbereich: $-\infty < x < \infty$
Wertebereich: $-1 \leq y \leq 1$
Nullstelle: $\dfrac{\pi}{2} + k \cdot \pi \quad (k \in \mathbb{Z})$

Vorsätze von Einheiten

Vorsilbe	Bedeutung	Zeichen	Multiplikationsfaktor
Tera	Billion	T	10^{12}
Giga	Milliarde	G	10^{9}
Mega	Million	M	10^{6}
Kilo	Tausend	k	10^{3}
Hekto	Hundert	h	10^{2}
Deka	Zehn	da	$10^{1} = 10$
Dezi	Zehntel	d	10^{-1}
Zenti	Hundertstel	c	10^{-2}
Milli	Tausendstel	m	10^{-3}
Mikro	Millionstel	µ	10^{-6}
Nano	Milliardstel	n	10^{-9}
Pico	Billionstel	p	10^{-12}
Femto	Billiardstel	f	10^{-15}

Winkelfunktionen (2)

Definition von Winkelfunktionen am Einheitskreis (r=1)

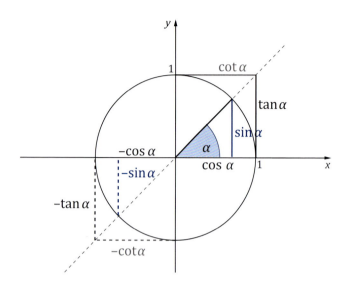

$\sin \alpha = \cos (90° - \alpha)$
$\cos \alpha = \sin (90° - \alpha)$
$\tan \alpha = \cot (90° - \alpha)$
$\cot \alpha = \tan (90° - \alpha)$

Aus dem Satz des Pythagoras im Einheitskreis folgt:
$\sin^2 \alpha + \cos^2 \alpha = 1$
(Schreibweise $\sin^2 \alpha = (\sin \alpha)^2$)

Größen und Einheiten

Längenmaße:
1 km = 1000 m
1 m = 10 dm
1 dm = 10 cm
1 cm = 10 mm
1 mm = 0,1 cm

km Kilometer
m Meter
dm Dezimeter
cm Zentimeter
mm Millimeter

Flächeninhalt:
1 km^2 = 100 ha

1 m^2 = 100 dm^2
1 dm^2 = 100 cm^2
1 cm^2 – 100 mm^2
1 mm^2 = 0,01 cm^2

km^2 Quadratkilometer
ha Hektar
m^2 Quadratmeter
dm^2 Quadratdezimeter
cm^2 Quadratzentimeter
mm^2 Quadratmillimeter

Volumen:
1 m^3 = 1000 dm^3
1 dm^3 = 1000 cm^3
1 cm^3 = 1000 mm^3
1 l = 1000 ml = 1 dm^3
1 ml = 1 cm^3

m^3 Kubikmeter
dm^3 Kubikdezimeter
cm^3 Kubikzentimeter
l Liter
ml Milliliter

Masse:
1 t = 1000 kg
1 kg = 1000 g
1 g = 1000 mg

t Tonne
kg Kilogramm
g Gramm
mg Milligramm

Zeit:
1 d = 24 h = 1440 min = 86400 s
1 h = 60 min = 3600 s
1 min = 60 s

d Tag
h Stunde
min Minute
s Sekunde

Winkelfunktionen (1)

Definition von Winkelfunktionen am rechtwinkligen Dreieck

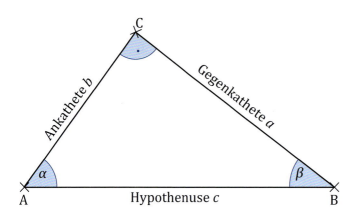

$$\sin \alpha = \frac{\text{Gegenkathete von } \alpha}{\text{Hypotenuse}} = \frac{a}{c} = \cos \beta$$

$$\cos \alpha = \frac{\text{Ankathete von } \alpha}{\text{Hypotenuse}} = \frac{b}{c} = \sin \beta$$

$$\tan \alpha = \frac{\text{Gegenkathete von } \alpha}{\text{Ankathete von } \alpha} = \frac{a}{b} = \cot \beta$$

$$\cot \alpha = \frac{\text{Ankathete von } \alpha}{\text{Gegenkathete von } \alpha} = \frac{b}{a} = \tan \beta$$

Nicht-dezimale Maße

Land	Einheit	Abkürzung	Umrechnung
Längenmaße			
GB, USA	inch (Zoll)	in	1 in = 25,4 mm
GB, USA	foot (Pl: feet)	ft	1 ft = 30,48 cm = 12 in
GB, USA	yard (Elle)	yd	1 yd = 91,44 cm = 3 ft
D	Seemeile	sm	1 sm = 1852 m
Raummaße			
D, GB, USA	Registertonne	RT	1 RT = 2,832 m^3
GB, USA	barrel		1 barrel = 158,758 l
GB	imperial gallon	gal	1 gal = 4,546 l
USA	petrol gallon	gal	1 gal = 3,785 l
Massenmaße			
GB, USA	ounce (Unze)	oz	1 oz = 28,35 g
GB, USA	pound	lb	1 lb = 453,59 g
GB	quarter	qr	1 qr = 12,7 kg
USA	quarter	qr	1 qr = 11,34 kg
D	Pfund	Pfd.	1 Pfd. = 500 g
D	Zentner	Ztr.	1 Ztr. = 50 kg

Winkelmaße (2)

Umrechnung von Grad in Bogenmaß

Umrechnungsformel:

$$\alpha = \frac{180°}{\pi} \cdot x \quad \Leftrightarrow \quad x = \frac{\pi}{180°} \cdot \alpha$$

Grad α	Bogenmaß x
10°	$\frac{\pi}{18}$
30°	$\frac{\pi}{6}$
45°	$\frac{\pi}{4}$
90°	$\frac{\pi}{2}$
120°	$\frac{2\pi}{3}$
180°	π
270°	$\frac{3\pi}{2}$
360°	2π

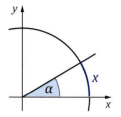

Achtung:

Bei Rechnungen mit dem Taschenrechner muss vor Eingabe eines Winkels die Einstellung der Angaben DEG/RAD vorgenommen werden:

DEG für Winkel im Gradmaß

RAD für Winkel im Bogenmaß

Dezimalzahlen (1)

Darstellung von Dezimalzahlen mit Hilfe von Zehnerpotenzen

Im Dezimalsystem wird als Basis die Zahl 10 benutzt. Das heißt, alle einzelnen Ziffern einer Zahl entsprechen einer Potenz von 10 – je nach ihrer Stelle.

Beispiel:

7 312 524 016

sieben Milliarden dreihundertzwölf Millionen fünfhundertvierundzwanzig Tausend sechzehn

$7 \cdot 10^9 + 3 \cdot 10^8 + 1 \cdot 10^7 + 2 \cdot 10^6 + 5 \cdot 10^5 + 2 \cdot 10^4 + 4 \cdot 10^3 + 1 \cdot 10^1 + 6 \cdot 10^0$

Milliarden			Millionen		
10^{11}	10^{10}	10^9	10^8	10^7	10^6
		7	3	1	2

Tausend					
10^5	10^4	10^3	10^2	10^1	10^0
5	2	4	0	1	6

Winkelmaße (1)

Angabe in Grad

Die Größe bzw. Weite eines Winkels wird üblicherweise in Grad angegeben. Ein Vollwinkel hat 360 Grad, ein rechter Winkel hat 90 Grad.

Schreibweise: 1 Grad = 1°

Bogenmaß

Die Größe eines Winkels kann auch als Bogenmaß angegeben werden. Dabei wird der Winkel über die Länge des Kreisbogens definiert, genauer: Die Winkelgröße wird durch das Verhältnis von Radius (r) zum Kreisbogen (b) angegeben:

$\alpha = \frac{b}{r}$

Schreibweise:

1 rad (gesprochen: Radiant)

1 $rad = 57{,}296°$

1 Radiant beschreibt die Größe eines Winkels, der aus dem Umfang des Kreises einen Bogen von genau der Länge des Radius ausschneidet ($r = b$).

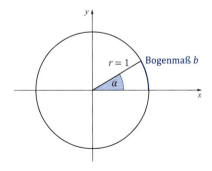

Dezimalzahlen (2)

Umwandlung von Dezimalzahlen in Brüche

Dezimalzahlen mit einer nicht zu großen Anzahl an Nachkommastellen lassen sich leicht in Brüche umwandeln. Im Nenner steht je nach Anzahl der Dezimalstellen eine Zehnerpotenz.

Beispiel:

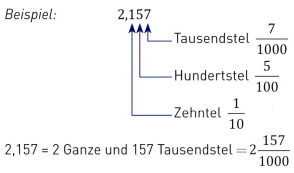

$2{,}157 = 2$ Ganze und 157 Tausendstel $= 2\frac{157}{1000}$

Manchmal können diese Brüche noch gekürzt werden, z.B.

$0{,}5 = 5$ Zehntel $= \frac{5}{10} = \frac{1}{2}$ $\qquad$ $0{,}75 = 75$ Hundertstel $= \frac{75}{100} = \frac{3}{4}$

Rundungsregeln

Die Ziffer rechts neben der Stelle, auf die gerundet werden soll, entscheidet, wie gerundet werden muss:

Bei 1, 2, 3 oder 4 wird abgerundet, z. B. $\qquad 2{,}564 \approx 2{,}56$
Bei 5, 6, 7, 8 oder 9 wird aufgerundet, z. B. $\qquad 6{,}5219 \approx 6{,}522$

Häufig werden Zahlen auf die zweite Stelle nach dem Komma gerundet.

Exponentielle Abnahme

Zerfall von radioaktiven Substanzen

Zerfallsgesetz: $N_t = N_0 \cdot e^{-\lambda \cdot t}$

$\lambda = \dfrac{\ln 2}{T_{1/2}}$ substanzspezifische Zerfallskonstante

$T_{1/2}=$ Halbwertszeit (Zeitspanne, in der die Hälfte Atome einer radioaktiven Substanz zerfallen ist)

z.B. *Isotop Iod*^{131} $T_{1/2} = 8$ Tage

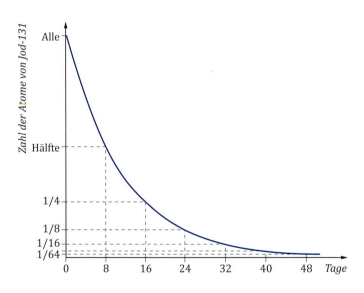

Näherungswerte

Näherungswerte erhält man beispielsweise beim
- Runden von (unendlich) langen Dezimalzahlen,
  z. B. π = 3,14159 26535 89793 23846...
  Der Näherungswert der Zahl π ist 3,14.
- Messen, z. B. von Temperaturen

Abweichung

Ein Näherungswert weicht im Allgemeinen vom genauen Wert um nicht mehr als die Hälfte des Stellenwerts der letzten Ziffer ab.

Beispiel:

genauer Wert 305,55 (Wert zwischen 305,525 und 305,575)

Geltende oder zuverlässige Ziffern

Geltende oder zuverlässige Ziffern sind die Ziffern eines Näherungswertes, die für Rechnungen verwendet werden können.

Beispiel:

210,33 → 5 geltende Ziffern

4,75 → 3 geltende Ziffern

38,5 → 3 geltende Ziffern

Vornullen sind keine geltenden Ziffern:

0,000015 → 2 geltende Ziffern

Endnullen sind geltende Ziffern:

540 → 3 geltende Ziffern

Exponentielles Wachstum (2)

Bestimmung des Beobachtungszeitraums t

Die Bevölkerung eines Landes nimmt jährlich um 3,5 % zu. Zu Beginn des Beobachtungszeitraums beträgt die Einwohneranzahl 80 Millionen. Ein gleichbleibendes Bevölkerungswachstum vorausgesetzt – wann würde die Einwohnerzahl die Grenze von 100 Millionen erreichen?

Gegeben: $N_0 = 80$ Mio $N_t = 100$ Mio
3,5 % Bevölkerungszunahme

Gesucht: Beobachtungszeitraum t

Formel: $N_t = N_0 \cdot q^t$ mit $q = 1 + \dfrac{p}{100}$
$p = $ Prozentsatz

Rechnung: $N_t = N_0 \cdot \left(1 + \dfrac{p}{100}\right)^t$

$100 = 80 \cdot \left(1 + \dfrac{3,5}{100}\right)^t = 80 \cdot 1,035^t$

$\dfrac{100}{80} = 1,035^t$

$\log 1,25 = t \cdot \log 1,035$

$t = \dfrac{\log 1,25}{\log 1,035} = \dfrac{0,097}{0,015} = 6,47$

Lösung: Nach ca. $6\frac{1}{2}$ Jahren liegt die Einwohnerzahl bei 100 Millionen.

Rechnen mit Näherungswerten (1)

Addition und Subtraktion von Näherungswerten
Es wird der Wert herausgesucht, bei dem die letzte zuverlässige Ziffer am weitesten links steht, und das Ergebnis auf diese Stelle gerundet.

Beispiel:

$5{,}15 + 4{,}4 = 9{,}55 \approx 9{,}6$

(9,55 auf die 1. Stelle nach dem Komma gerundet)

Multiplikation und Division von Näherungswerten
Es wird der Wert herausgesucht, der die geringste Anzahl zuverlässiger Ziffern besitzt, und das Ergebnis auf diese Stellenzahl gerundet.

Beispiel:

$2{,}7 \cdot 3{,}14 = 8{,}478 \approx 8{,}5$

(8,478 auf die 1. Stelle nach dem Komma gerundet)

Exponentielles Wachstum (1)

Bestimmung der Wachstumsrate q

Bakterien vermehren sich zumeist exponentiell. Startet man gedacht mit 1 Organismus, sind nach einer Stunde 2, nach 2 Stunden 4 und nach 3 Stunden 8 Organismen in der Kultur zu finden. Dieses Wachstum entspricht der Form:

$N_t = N_0 \cdot q^t$

$N_0 =$ Anfangsbestand
$N_t =$ Anzahl der Bakterien nach n Teilungen
$q\ \ =$ Wachstumsrate
$t\ \ =$ Anzahl der Beobachtungszeiträume
$\Rightarrow 8 = 1 \cdot q^3 \Rightarrow q = \sqrt[3]{8} = 2$ (Wachstumsrate)

Es gilt daher zur Bestimmung der Anzahl von Bakterien zu jedem beliebigen Zeitpunkt (bei exponentiellem Wachstum):

$N_t = N_0 \cdot 2^t$

Rechnen mit Näherungswerten (2)

Beispiel:
Eine Person läuft eine Strecke von einer Stadt zur nächsten in einer Zeit von 40,32 Minuten. Die Städte liegen näherungsweise 5,5 Kilometer voneinander entfernt.

5,5 km → 2 geltende Ziffern

40,32 min → 4 geltende Ziffern

Berechnung der mittleren Geschwindigkeit v:

$$v = \frac{5{,}5\,km}{40{,}32\,min} = 0{,}1364087\,km/min$$

Da beide angegebenen Werte gerundet waren

5,5 km → Wert zwischen 5,25 und 5,75

40,32 min → Wert zwischen 40,31 und 40,33

beträgt die Höchstgeschwindigkeit:

$$v_{max} = \frac{5{,}75\,km}{40{,}33\,min} = 0{,}1426\,km/min = 142{,}6\,m/min$$

Die niedrigste Geschwindigkeit beträgt:

$$v_{max} = \frac{5{,}25\,km}{40{,}31\,min} = 0{,}1302\,km/min = 130{,}2\,m/min$$

Hier ist es sinnvoll, eine mittlere Geschwindigkeit von gerundet 136 m/min anzugeben.

Logarithmusfunktion

$f(x) = \log_a x$

$a, x \in \mathbb{R}, x > 0, \qquad a \neq 1$

Gemeinsamkeit aller Graphen:
Punkte: (1;0)
Nullstelle: $x_0 = 1$
Kein Schnittpunkt mit der y-Achse
Näherung mit $y \to -\infty$
lg = Logarithmus Basis 10
ln = natürlicher Logarithmus Basis e

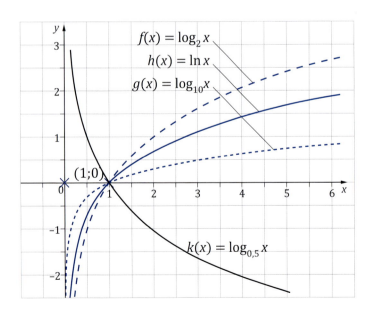

Rechenoperationen (1)

Addition

$a + b = c$

a, b = Summanden
   c = Summe

Summand + Summand = Summe

Schriftliches Addieren

		2	2	8	5	
Rechenzeichen	+	0	7	4	3	
		1	1			Übertragszeile
		3	0	2	8	Ergebniszeile

Subtraktion

$a - b = c$

a = Minuend
b = Subtrahend
c = Differenz

Minuend – Subtrahend = Differenz

Schriftliches Subtrahieren

		3	4	2	3	
Rechenzeichen	–	0	2	8	1	
			1			Übertragszeile
		3	1	4	2	Ergebniszeile

Exponentialfunktion (2)

Spezialfall: $f(x) = e^x$

e = Eulersche Zahl = 2,718 281 828 459 045 235 36…

Schneidet die *y*-Achse bei (0;1)

Kein Schnittpunkt mit der *x*-Achse, Näherung mit $x \to -\infty$

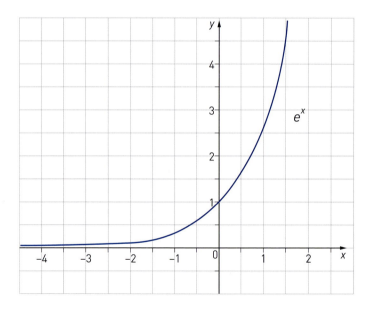

Rechenoperationen (2)

Multiplikation

$a \cdot b = c$

a, b = Faktoren
c = Produkt

Faktor · Faktor = Produkt

Schriftliches Multiplizieren

1	3	7	2	4	2	·	3	
			1	2		1			Übertragszeile
		4	1	1	7	2	6		Ergebniszeile

Division

$a : b = c$

a = Dividend
b = Divisor
c = Quotient

Dividend : Divisor = Quotient

Schriftliches Dividieren

| | 2 | 3 | 4 | 6 | : | 3 | = | 7 | 8 | 2 | Ergebnis
|---|---|---|---|---|---|---|---|---|---|---|
| − | 2 | 1 | | | | | | | | |
| | | 2 | 4 | | | | | | | |
| − | | 2 | 4 | | | | | | | |
| | | | 0 | 6 | | | | | | |
| | − | | 0 | 6 | | | | | | |
| | | | | 0 | | | | | | |

Exponentialfunktion (1)

$f(x) = a^x$

$a, x \in \mathbb{R}, \quad a, x > 0, \quad a \neq 1$

Gemeinsamkeiten aller Graphen:
Punkt: (0;1) Schnittpunkt mit der y-Achse
Keine Nullstellen

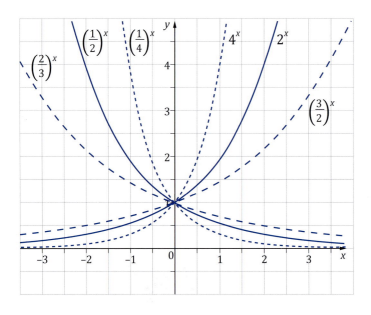

Rechenoperationen (3)

Potenzieren

$a^b = c$

a = Basis der Potenz
b = Exponent (Hochzahl)
c = Potenz

Der Exponent gibt an, wie oft die Basis mit sich selbst multipliziert wird.

Radizieren (Ziehen der Wurzel)

Radizieren ist die Umkehroperation des Potenzierens.

$\sqrt[b]{a} = c$

a = Radikand
b = Wurzelexponent
c = Wurzel

Logarithmieren

$\log_b a = c \quad b > 0, b \neq 1$

b = Basis
a = Numerus
c = Logarithmus

Wurzelfunktion

Die Wurzelfunktion ist ein Spezialfall der Potenzfunktion.

$f(x) = x^n$ mit $n = \dfrac{1}{k}$

$\sqrt[k]{x} = x^{\frac{1}{k}}$

$k \in \mathbb{N}, k > 1, x \in \mathbb{R}, x \geq 0, n \in \mathbb{Q}^+$

Gemeinsamkeiten aller Graphen:
Punkte: (0;0) (1;1)
Nullstelle: $x_0 = 0$

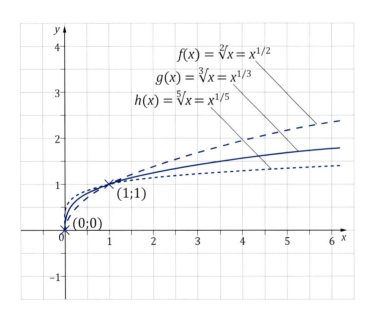

Rechenregeln (1)

Sind mehrere Rechenoperationen *gleicher Stufe* auszuführen, wird in der Regel schrittweise von links nach rechts gerechnet.

Sind mehrere Rechenoperationen *verschiedener Stufen* auszuführen, so haben stets die Operationen der höheren Stufen Vorrang.

Stufe 1: Addition, Subtraktion
Stufe 2: Multiplikation, Division
Stufe 3: Potenzieren, Radizieren und Logarithmieren

Daraus ergeben die beiden folgenden Rechenregeln:

Punktrechnung vor Strichrechnung

Multiplikation und Division sind stets vor Addition und Subtraktion auszuführen.

Beispiel:

$12 - 2 \cdot 4 = 4 \qquad 2 \cdot 4 = 8$
$ 12 - 8 = 4$

Potenzieren, Radizieren, Logarithmieren vor Punktrechnung

Beispiel:

$\sqrt{9} \cdot 3^2 = 27 \qquad \sqrt{9} = 3$
$\phantom{\sqrt{9} \cdot 3^2 = 27 \qquad} 3^2 = 9$
$\phantom{\sqrt{9} \cdot 3^2 = 27 \qquad} 3 \cdot 9 = 27$

Ausnahmen von beiden Regeln bilden jedoch Operationen in Klammern, die immer zuerst ausgeführt werden müssen, siehe auch nächste Seite.

Potenzfunktion (4)

Hyperbeln mit 2 Ästen $n < 0$ **mit** $n =$ ungerade ($x \neq 0$)

Beispiel: $f(x) = x^{-1} = \dfrac{1}{x}$

Gemeinsamkeiten der Graphen:

1. + 3. Quadrant

Punkte: $(1;1)$ $(-1;-1)$

Keine Nullstellen

Punktsymmetrisch zum Koordinatenursprung

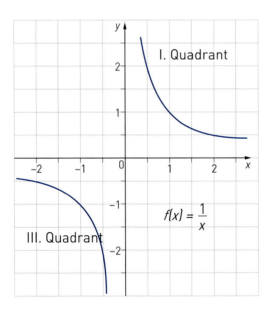

Rechenregeln (2)

Operationen in Klammern

Rechenoperationen in Klammern haben in jedem Fall Vorrang, auch wenn sie einer niedrigeren Stufe angehören.

Beispiel:

$(12 - 2) \cdot 4 = 40$ $\qquad$ $12 - 2 = 10$
 $10 \cdot 4 = 40$

Innere Klammer vor äußerer Klammer

Bei komplexen Rechnungen mit mehreren Klammern haben die Operationen in inneren Klammern stets Vorrang vor denen in den äußeren Klammern.

Beispiel:

$[(12 - 2) \cdot 4 + 3] \cdot 2 = 86$ $\qquad$ $12 - 2 = 10$
 $10 \cdot 4 = 40$
 $40 + 3 = 43$
 $43 \cdot 2 = 86$

Potenzfunktion (3)

Hyperbeln mit 2 Ästen $n < 0$ **mit** $n = $ gerade ($x \neq 0$)

Beispiel: $f(x) = x^{-2} = \dfrac{1}{x^2}$

Gemeinsamkeiten der Graphen:
1. + 2. Quadrant
Punkte: (1;1) (−1;1)
Keine Nullstellen
Axialsymmetrisch zur y-Achse

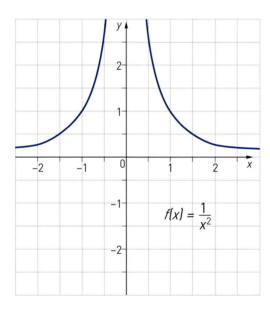

Rechenregeln (3)

Auflösen von Klammern

Positives Vorzeichen

$+(a + b - c) = a + b - c$

Negatives Vorzeichen

$-(a + b - c) = -a - b + c$

Ein negatives Vorzeichen vor der Klammer verändert die Vorzeichen innerhalb der Klammer.

Ausmultiplizieren von Klammern

Der Wert vor der Klammer wird mit jedem Wert in der Klammer multipliziert:

$a(b + c - d) = ab + ac - ad$

Ausklammern

Das funktioniert auch umgekehrt:

$ab + ac - ad = a(b + c - d)$

Multiplizieren von Klammern

Bei der Multiplikation zweier Klammern wird jeder Wert der ersten Klammer mit jedem Wert der zweiten Klammer multipliziert:

$(a + b) \cdot (c + d)$

$(a + b) \cdot (c + d) = ac + ad + bc + bd$

Potenzfunktion (2)

Parabeln n-ten Grades $n > 0$ mit $n =$ ungerade

Beispiel: $f(x) = x^3$

Gemeinsamkeiten der Graphen:
Punkte: (1;1) (−1;-1) (0;0)
Nullstelle: $x_0 = 0$
Punktsymmetrisch zum Koordinatenursprung

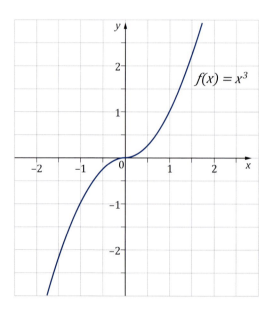

Rechnen mit positiven und negativen Zahlen (1)

Addition

Bei der Addition von Zahlen mit gleichem Vorzeichen werden ihre Beträge addiert.

Die Summe erhält das gemeinsame Vorzeichen:

$(+a) + (+b) = a + b$ *Beispiel:* $(+2) + (+3) = 2 + 3 = 5$

$(-a) + (-b) = -a - b$ *Beispiel:* $(-2) + (-3) = -2 - 3 = -5$

Bei der Addition von Zahlen mit unterschiedlichen Vorzeichen wird die Differenz der Beträge errechnet. Das Ergebnis erhält das Vorzeichen der Zahl mit dem größeren Betrag:

$(+a) + (-b) = a - b$ *Beispiel:* $(+2) + (-3) = 2 - 3 = -1$

Beispiel: $(+3) + (-2) = 3 - 2 = 1$

$(-a) + (+b) = -a + b$ *Beispiel:* $(-2) + (+3) = -2 + 3 = 1$

Beispiel: $(-3) + (+2) = -3 + 2 = -1$

Subtraktion

Gleiches Vorzeichen:

$(+a) - (+b) = a - b$ *Beispiel:* $(+3) - (+2) = 3 - 2 = 1$

$(-a) - (-b) = -a + b$ *Beispiel:* $(-3) - (-2) = -3 + 2 = -1$

Unterschiedliche Vorzeichen:

$(+a) - (-b) = a + b$ *Beispiel:* $(+3) - (-2) = 3 + 2 = 5$

$(-a) - (+b) = -a - b$ *Beispiel:* $(-3) - (+2) = -3 - 2 = -5$

Potenzfunktion (1)

$f(x) = x^n$ mit $n =$ konstant

Parabeln n-ten Grades $n > 0$ mit $n =$ gerade

Beispiel: $f(x) = x^4$

Gemeinsamkeiten der Graphen:
Punkte: (1;1) (−1;1) (0;0)
Nullstelle: $x_0 = 0$
axialsymmetrisch zur y-Achse

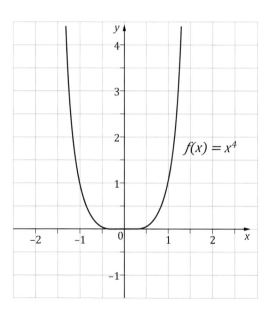

Rechnen mit positiven und negativen Zahlen (2)

Multiplikation

Bei der Multiplikation von Zahlen mit gleichem Vorzeichen werden die Beträge multipliziert. Das Produkt erhält immer ein positives Vorzeichen.

$(+a) \cdot (+b) = +(a \cdot b)$ *Beispiel:* $(+3) \cdot (+2) = +6$
$(-a) \cdot (-b) = +(a \cdot b)$ *Beispiel:* $(-3) \cdot (-2) = +6$

(Merke: Minus mal Minus ergibt Plus)

Bei der Multiplikation von Zahlen mit unterschiedlichen Vorzeichen werden die Beträge multipliziert. Das Produkt erhält immer ein negatives Vorzeichen.

$(+a) \cdot (-b) = -(a \cdot b)$ *Beispiel:* $(+3) \cdot (-2) = -6$
$(-a) \cdot (+b) = -(a \cdot b)$ *Beispiel:* $(-3) \cdot (+2) = -6$

(Merke: Plus mal Minus ergibt Minus)

Division

Gleiches Vorzeichen:

$(+a) : (+b) = +(a : b)$ *Beispiel:* $(+6) : (+2) = +3$
$(-a) : (-b) = +(a : b)$ *Beispiel:* $(-6) : (-2) = +3$

Unterschiedliche Vorzeichen:

$(+a) : (-b) = -(a : b)$ *Beispiel:* $(+6) : (-2) = -3$
$(-a) : (+b) = -(a : b)$ *Beispiel:* $(-6) : (+2) = -3$

Der absolute Betrag

$|a| = |a|$ für $a \in \mathbb{R}$
$|a| = a$ für $a \geq 0$ $|a| = -a$ für $a \leq 0$

Umgekehrt proportionale Funktion

Hyperbel

$f(x) = \dfrac{1}{x}$ $\qquad x \neq 0$

Beispiel: $f(x) = \dfrac{1}{2}$

Definition Hyperbel

Eine Hyperbel ist eine Kurve, die beide Achsen des Koordinatensystems weder berührt noch schneidet, sich aber gegen unendlich den Achsen annähert.

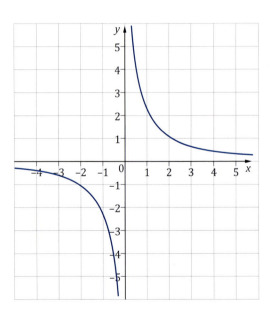

Termumformungen: Rechengesetze

Kommutativgesetz (Vertauschungsgesetz)
Addition:
$a + b = b + a$ *Beispiel:* $2 + 3 = 3 + 2$

Multiplikation:
$a \cdot b = b \cdot a$ *Beispiel:* $2 \cdot 3 = 3 \cdot 2$

Assoziativgesetz (Verbindungsgesetz)
Addition:
$a + (b + c) = (a + b) + c$ *Beispiel:* $2 + (3 + 5) = (2 + 3) + 5$

Multiplikation:
$a \cdot (b \cdot c) = (a \cdot b) \cdot c$ *Beispiel:* $2 \cdot (3 \cdot 5) = (2 \cdot 3) \cdot 5$

Distributivgesetz (Verteilungsgesetz)
$a \cdot (b + c) = a \cdot b + a \cdot c$ *Beispiel:* $2 \cdot (3 + 5) = 2 \cdot 3 + 2 \cdot 5$
$a \cdot (b - c) = a \cdot b - a \cdot c$ *Beispiel:* $2 \cdot (5 - 3) = 2 \cdot 5 - 2 \cdot 3$

$(a + b) : c = a : c + b : c \mid c \neq 0$ *Beispiel:* $(5 + 4) : 3 = 5 : 3 + 4 : 3$
$(a - b) : c = a : c - b : c \mid c \neq 0$ *Beispiel:* $(5 - 4) : 3 = 5 : 3 - 4 : 3$

Quadratische Funktion (5)

Schnittpunkt zwischen Parabel und Gerade

Gegeben: Parabel $f(x) = x^2 + x - 0{,}75$
                Gerade $f(x) = -0{,}5x + 1{,}75$
Gesucht: Schnittpunkt(e) der beiden Kurven

Rechnung:

(1) Gleichsetzen der beiden Gleichungen
$x^2 + x - 0{,}75 = -0{,}5x + 1{,}75$

(2) Gleiche Variablengrößen zusammenfassen
$x^2 + 1{,}5x - 2{,}5 = 0$

(3) Bestimmung von x über die *pq*-Formel

$$x_{1/2} = -\frac{p}{2} \pm \sqrt{\left(\frac{p}{2}\right)^2 - q}$$

$p = 1{,}5$ $q = -2{,}5$
$x_1 = -2{,}5$ $x_2 = 1$

(4) Einsetzen von x_1 und x_2 in eine der beiden Gleichungen und Berechnung von y
$y_1 = 3$ $y_2 = 1{,}25$

Lösung:

Die beiden Kurven schneiden sich bei $S_1(-2{,}5;\ 3)$ und $S_2 = (1;\ 1{,}25)$

Termumformungen: Binomische Formeln

1. Binomische Formel
$(a + b)^2 = a^2 + 2ab + b^2$
Beispiel: $(x + 3)^2 = x^2 + 2 \cdot x \cdot 3 + 3^2$

2. Binomische Formel
$(a - b)^2 = a^2 - 2ab + b^2$
Beispiel: $(x - 4)^2 = x^2 - 2 \cdot x \cdot 4 + 4^2$

3. Binomische Formel
$(a + b) \cdot (a - b) = a^2 - b^2$
Beispiel: $(4 + x) \cdot (4 - x) = 4^2 - x^2$

Der Binomische Satz (Verallgemeinerung)
$a, b \in \mathbb{R} \quad n, k \in \mathbb{N}$
$$(a + b)^n = \sum_{k=0}^{n} \binom{n}{k} a^{n-k} \cdot b^k$$

Quadratische Funktion (4)

$f(x) = x^2 + px + q$ **(Normalform)**

Scheitelpunkt: $S\left(-\dfrac{p}{2}; -\dfrac{p^2}{4} + q\right)$

Nullstellen: $x_{1/2} = -\dfrac{p}{2} \pm \sqrt{\left(\dfrac{p}{2}\right)^2 - q}$

Diskriminante: $D = \left(\dfrac{p}{2}\right)^2 - q$

$D > 0$ 2 Nullstellen
$D = 0$ eine Nullstelle
$D < 0$ keine Nullstelle

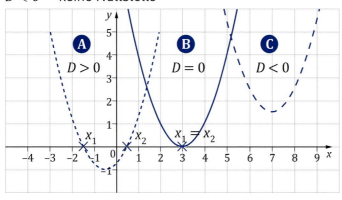

Rechnen mit Brüchen (1)

Definitionen

für $a, b, c, d \in \mathbb{Z}$; Nenner $\neq 0$

$\dfrac{a}{b}$ heißt **Bruch**, a heißt **Zähler**, b heißt **Nenner** des Bruchs

$\dfrac{b}{a}$ ist der **Kehrwert** von $\dfrac{a}{b}$

$\dfrac{a}{b} \cdot \dfrac{b}{a} = 1$

Brüche der Art $c\dfrac{a}{b} = c + \dfrac{a}{b}$ heißen **gemischte Brüche**.

Ein **echter Bruch** ist ein Bruch, bei dem der Betrag des Zählers kleiner als der Betrag des Nenners ist.

Beispiel: $\dfrac{2}{3}$

Ein **unechter Bruch** ist ein Bruch, bei dem der Betrag des Zählers größer als der Betrag des Nenners ist.

Beispiel: $\dfrac{3}{2}$

Jeder Bruch kann auch als Division geschrieben werden.

$\dfrac{a}{b} = a : b$

Quadratische Funktion (3)

$f(x) = x^2 + c$

Scheitelpunkt: $S(0;c)$

$c > 0$ Parabel auf der y-Achse nach oben verschoben
$c = 0$ Normalparabel
$c < 0$ Parabel auf der y-Achse nach unten verschoben
               (2 Nullstellen)

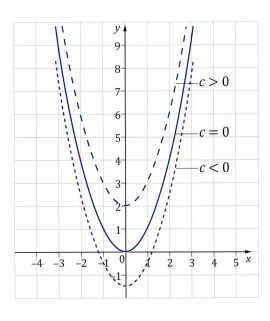

Rechnen mit Brüchen (2)

Erweitern von Brüchen

Brüche werden erweitert, indem Zähler und Nenner mit der gleichen Zahl multipliziert werden.

$\frac{a}{b} = \frac{a \cdot c}{b \cdot c}$ mit $c \neq 0$

Kürzen von Brüchen

Brüche werden gekürzt, indem Zähler und Nenner durch die gleiche Zahl dividiert werden.

$\frac{a}{b} = \frac{a : c}{b : c}$ mit $c \neq 0$, $c \neq \frac{c}{a}$ und $c \neq \frac{c}{b}$

Multiplikation von Brüchen

Zwei Brüche werden multipliziert, indem Zähler mit Zähler und Nenner mit Nenner multipliziert werden.
Anschließend kann gekürzt werden, wenn nötig.

$\frac{a}{b} \cdot \frac{c}{d} = \frac{a \cdot c}{b \cdot d}$

Division von Brüchen

Zwei Brüche werden dividiert, indem der erste Bruch mit dem Kehrwert des zweiten Bruches multipliziert wird.

$\frac{a}{b} : \frac{c}{d} = \frac{a}{b} \cdot \frac{d}{c} = \frac{a \cdot d}{b \cdot c}$

Quadratische Funktion (2)

$f(x) = a \cdot x^2$

Scheitelpunkt: $S(0;0)$

Keine Nullstellen

$a > 0$	Parabel ist nach oben geöffnet
$a > 1$	Streckung der Parabel in Richtung y-Achse
$0 < a < 1$	Stauchung der Parabel in Richtung der y-Achse
$a < 0$	Parabel ist nach unten geöffnet (Spiegelung an der x-Achse)
$a < -1$	Streckung
$-1 < a < 0$	Stauchung

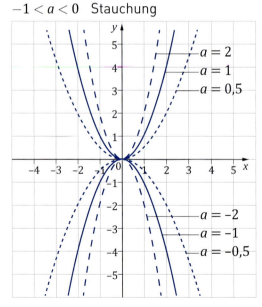

Rechnen mit Brüchen (3)

Addition und Subtraktion von Brüchen

Gleichnamige Brüche

Zwei Brüche heißen gleichnamig, wenn sie den gleichen Nenner haben. Zwei gleichnamige Brüche werden addiert bzw. subtrahiert, indem die Zähler addiert bzw. subtrahiert werden. Der Nenner bleibt gleich.

$$\frac{a}{b} \pm \frac{c}{b} = \frac{a \pm c}{b}$$

Ungleichnamige Brüche

Zwei ungleichnamige Brüche, d. h. Brüche mit verschiedenen Nennern, werden addiert bzw. subtrahiert, indem sie auf den gleichen Nenner gebracht werden.

Der gemeinsame Nenner wird erreicht, indem der erste Bruch mit dem Nenner des zweiten Bruches erweitert wird und der zweite Bruch mit dem Nenner des ersten Bruches erweitert wird. Anschließend werden die Zähler addiert bzw. subtrahiert.

$$\frac{a}{b} \pm \frac{c}{d} = \frac{a}{b} \cdot \frac{d}{d} \pm \frac{c}{d} \cdot \frac{b}{b} = \frac{ad}{bd} \pm \frac{cb}{bd} = \frac{ad \pm cd}{bd}$$

Merke:

(1) $\frac{a}{b}$ mit d erweitern

(2) $\frac{c}{d}$ mit b erweitern

(3) Zähler der gleichnamigen Brüche addieren bzw. subtrahieren

Quadratische Funktion (1)

Allgemeine Form:
$f(x) = ax^2 + bx + c$ mit $a, b, c \in \mathbb{R}$ und $a \neq 0$

$f(x) = x^2$ (**Normalparabel**)

Scheitelpunkt: $S(0;0)$
Symmetrieachse: y-Achse
Nullstelle (Schnittpunkt mit der x-Achse): nicht vorhanden

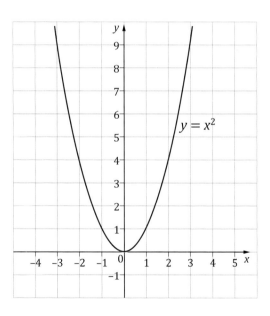

Rechnen mit Potenzen (1)

Definition

Für $a \in \mathbb{R}\backslash\{0\}$, $n \in \mathbb{N}$; Nenner $\neq 0$

$$a^n = \underbrace{a \cdot a \cdot a \ldots \cdot a}_{n\text{-mal}} \qquad a = \text{Basis},\ n = \text{Exponent}$$

(gelesen: a hoch n
          n-te Potenz von a)

$a^0 = 1 \qquad\qquad a^1 = a$

$a^n = \dfrac{1}{a^{-n}} \qquad\qquad a^{-n} = \dfrac{1}{a^n}$

$\left(\dfrac{a}{b}\right)^{-n} = \left(\dfrac{b}{a}\right)^{n}$

$a^{\frac{p}{q}} = \sqrt[q]{a^p} \qquad\qquad a \in \mathbb{R} \quad a > 0 \quad p \in \mathbb{Z} \quad q \in \mathbb{N}^*$

Konstante Funktion

Funktionsgleichung: $f(x) = n$ mit $n =$ konstant

Die Funktion verläuft parallel zur x-Achse.

Beispiel: $f(x) = 2$
$\Rightarrow m = 0$
$\Rightarrow b = 2$

Es existiert kein Schnittpunkt mit der x-Achse.

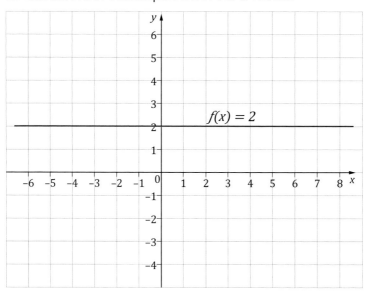

Rechnen mit Potenzen (2)

für $m, n \in \mathbb{R}$ bei positiven reellen Basen
und $m, n \in \mathbb{Z}$ bei Basen aus $\mathbb{R}\setminus\{0\}$

Gleiche Basis

Zwei Potenzen mit gleicher Basis werden multipliziert, indem die Exponenten addiert werden.

$a^n \cdot a^m = a^{n+m}$

Zwei Potenzen mit gleicher Basis werden dividiert, indem die Exponenten subtrahiert werden.

$a^n : a^m = a^{n-m}$

Gleicher Exponent

Zwei Potenzen mit gleichen Exponenten werden multipliziert, indem die Basen multipliziert werden. Der Exponent bleibt gleich.

$a^n \cdot b^n = (a \cdot b)^n$

Zwei Potenzen mit gleichen Exponenten werden dividiert, indem die Basen dividiert werden und der Exponent beibehalten wird.

$$\frac{a^n}{b^n} = \left(\frac{a}{b}\right)^n$$

Potenzieren

Potenzen werden potenziert, in dem die Exponenten multipliziert werden.

$(a^n)^m = a^{n \cdot m} = (a^m)^n$

Lineare Gleichungssysteme: Textaufgaben (3)

Bewegungsaufgaben (Teil 2)

Rechnung:

$$\frac{x}{120} = \frac{(430-x)}{100} + \frac{1}{2} = 4{,}3 - \frac{x}{100} + \frac{1}{2}$$

$$\frac{x}{120} = 4{,}8 - \frac{x}{100}$$

$$\frac{x}{120} + \frac{x}{100} = 4{,}8$$

$$\frac{5x}{600} + \frac{6x}{600} = 4{,}8$$

$$\frac{11x}{600} = 4{,}8$$

$$x = 4{,}8 \cdot \frac{600}{11} = 261{,}82$$

$$\Rightarrow y = 430 - 261{,}82 = 168{,}18$$

Lösung:
Annette ist ca. 168 km weit gefahren, bis sich beide treffen.

Rechnen mit Wurzeln

Definition

Für $a \in \mathbb{R}$ und $a \geq 0$; $n \in \mathbb{N}^* \setminus \{1\}$, Nenner $\neq 0$, $b \geq 0$

$\sqrt[n]{a} = b \quad \Rightarrow \quad b^n = a \quad a =$ Radikand, $n =$ Wurzelexponent

(gelesen: n-te Wurzel von a)

$\sqrt[2]{a} = \sqrt{a}$ Quadratwurzel $\qquad \sqrt[3]{a}$ Kubikwurzel

Wurzelgesetze

Multiplizieren:

$$\sqrt[n]{a} \cdot \sqrt[n]{b} = \sqrt[n]{a \cdot b} \qquad \sqrt[n]{a} \cdot \sqrt[m]{a} = \sqrt[n \cdot m]{a^{n+m}}$$

Dividieren:

$$\frac{\sqrt[n]{a}}{\sqrt[n]{b}} = \sqrt[n]{\frac{a}{b}} \qquad \frac{\sqrt[n]{a}}{\sqrt[m]{a}} = \sqrt[n \cdot m]{a^{m-n}}$$

Potenzieren:

$$\sqrt[n]{a^m} = \left(\sqrt[n]{a}\right)^m$$

Radizieren:

$$\sqrt[n]{\sqrt[m]{a}} = \sqrt[n \cdot m]{a} = \sqrt[m]{\sqrt[n]{a}}$$

Für alle $n \in \mathbb{N}$, $n \geq 2$ und $a \in \mathbb{R}$, $a > 0$:

$\sqrt[n]{a} = a^{\frac{1}{n}}$	$\sqrt[n]{a^m} = a^{\frac{m}{n}}$	$\dfrac{1}{\sqrt[n]{a}} = a^{-\frac{1}{n}}$	$\dfrac{1}{\sqrt[n]{a^m}} = a^{-\frac{m}{n}}$

Lineare Gleichungssysteme: Textaufgaben (2)

Bewegungsaufgaben (Teil 1)

Beispiel:

Annette und Nicola wohnen in 430 km entfernten Städten. Beide haben sich verabredet und fahren sich mit dem Auto entgegen. Nicola hat das schnellere Auto und fährt im Schnitt 120 km/h. Annettes Auto schafft im Schnitt nur 100 km/h, daher versucht sie es zeitlich auszugleichen und fährt 30 min früher los als Nicola. Wie weit ist Annette gefahren, bis sich beide treffen?

Aufstellen der Gleichungssysteme:

Es gilt $v = \frac{s}{t}$ [km/h] für die Geschwindigkeit v

	v = Geschwindigkeit [km/h]	s = Strecke [km]	t = Zeit [h]
Nicola	120	x	$\frac{x}{120}$
Annette	100	$y = 430 - x$	$\frac{y}{100} + \frac{1}{2}$

Zum Zeitpunkt des Treffens ist Annette eine halbe Stunde länger unterwegs als Nicola.

Somit gilt die Beziehung $\frac{x}{120} = \frac{y}{100} + \frac{1}{2}$ für die Zeit und die Abhängigkeit $y = 430 - x$ für die Strecke.

Rechnen mit Logarithmen

Definition

$a \in \mathbb{R}\setminus\{1\}$, $a > 0$, $b \in \mathbb{R}$, $b > 0$, Nenner $\neq 0$

$\log_a b = c \leftrightarrow a^c = b$ $\qquad$ a = Basis, b = Numerus

(gelesen: Logarithmus von b zur Basis a)

Durch Logarithmieren wird die Größe des Exponenten bestimmt.

Spezielle Basen

Dekadischer Logarithmus/Zehnerlogarithmus:

$\log_{10} x = \lg x$

Natürlicher Logarithmus: $\log_e x = \ln x$

Wechsel zwischen beiden:

$\ln x = \dfrac{\lg x}{\lg e}$

Logarithmengesetze

$\log_a(u \cdot v) = \log_a u + \log_a v$ $\qquad$ $u, v \in \mathbb{R}$

$\log_a \dfrac{u}{v} = \log_a u - \log_a v$ $\qquad$ $u, v > 0$

$\log_a u^r = r \cdot \log_a u$ $\qquad$ $u \in \mathbb{R}$

$\log_a \sqrt[n]{u} = \dfrac{1}{n} \log_a u$ $\qquad$ $n \in \mathbb{N}^*$

Basiswechsel

$\log_a b \cdot \log_b a = 1$

$\log_a b = \log_a c \cdot \log_c b$

Lineare Gleichungssysteme: Textaufgaben (1)

Altersaufgaben

Beispiel:

Martha ist 2,5 Jahre älter als ihre Schwester Johanna. In 5 Jahren ist sie viermal so alt wie Johanna heute.
Wie alt sind Martha und Johanna heute?

Lösungsweg:
Setze Martha $= x$ und Johanna $= y$
$x = y + 2{,}5$
$4y = x + 5$

Rechnung:
$4y = (y + 2{,}5) + 5$
$4y = y + 7{,}5$
$3y = 7{,}5$
$y = 2{,}5$
$x = 2{,}5 + 2{,}5$
$x = 5$

Lösung: Martha ist heute 5 Jahre alt. Ihre Schwester Johanna ist heute $2\frac{1}{2}$ Jahre alt.

Mittelwertberechnung

Arithmetisches Mittel

Das arithmetische Mittel A zweier Größen a_1, a_2 erhält man, indem man die Größen addiert und durch 2 teilt.

$$A = \frac{a_1 + a_2}{2}$$

Das arithmetische Mittel A von n verschiedenen Größen $a_1, a_2 \ldots \ldots a_n$ erhält man, indem man alle Größen addiert und durch ihre Anzahl n teilt:

$$A = \frac{a_1 + a_2 + \ldots + a_n}{n}$$

Geometrisches Mittel

Das geometrische Mittel G zweier Größen a_1, a_2 erhält man, indem man die Wurzel aus dem Produkt der beiden Größen zieht:

$$G = \sqrt{a_1 \cdot a_2}$$

Das geometrische Mittel G einer Anzahl n verschiedener Größen erhält man, indem man alle Größen multipliziert und daraus die n-te Wurzel zieht:

$$G = \sqrt[n]{a_1 \cdot a_2 \cdot \ldots \cdot a_n}$$

Lineare Funktion (8)

Berechnung eines Schnittpunkts zweier Geraden

Gegeben: $f_1(x) = -x + 2$ und $f_2(x) = x + 1$
Gesucht: Schnittpunkt $S(x_s; y_s)$

Rechnung:
Geradengleichungen gleich setzen: $-x + 2 = x + 1$
Nach x umstellen: $\Rightarrow x = 0{,}5$
y berechnen: $\Rightarrow y = 1{,}5$

Lösung: Schnittpunkt der Geraden: $S(0{,}5;\ 1{,}5)$

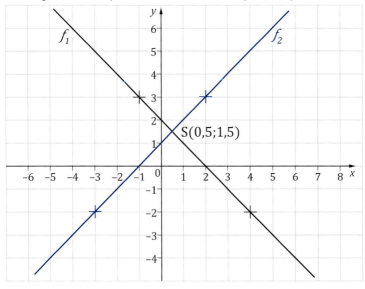

Dreisatz (1)

Definition

Der Dreisatz ist ein Verfahren, in dem mit drei bekannten Größen eine vierte, unbekannte Größe ermittelt werden kann.

Direkte Proportionalität

Je mehr, desto mehr

Gleichung: $\dfrac{a}{b} = \dfrac{c}{d} \Leftrightarrow a \cdot d = b \cdot c$

Beispiel:

500 g Zucker (a) kosten 1,50 € (c).

Wie viel kosten dann 860 g (b) Zucker?

Größen ins Verhältnis setzen:

$$\dfrac{500 \text{ g}}{860 \text{ g}} = \dfrac{1{,}50 \text{ €}}{x} \qquad x = \dfrac{1{,}50 \text{ €} \cdot 860 \text{ g}}{500 \text{ g}} = 2{,}58 \text{ €}$$

Überprüfung:

500 g → 1,50 €

1 g   → $\dfrac{1{,}50 \text{ €}}{500 \text{ g}} = 0{,}003 \text{ €}$

860 g → 0,003 € · 860 = 2,58 €

Lineare Funktion (7)

Bestimmung der Funktionsgleichung aus zwei gegebenen Punkten

Gegeben: $P_1(1; 3)$ $\qquad$ $P_2(4; 6)$
Gesucht: Geradengleichung aus den Punkten P_1 und P_2
Formel: allgemeine Geradengleichung $f(x) = mx + b$

$\qquad$ Berechnung von m $\quad m = \dfrac{y_2 - y_1}{x_2 - x_1}$

Rechnung:

Einsetzen der Punkte zur Berechnung von m

$\Rightarrow m = \dfrac{6-3}{4-1} = 1$

Einsetzen von m und einem beliebigen Punkt in die allgemeine Geradengleichung

$\Rightarrow 6 = 1 \cdot 4 + b \qquad \Rightarrow b = 2$

Lösung:

Die Geradengleichung lautet $f(x) = 1x + 2 = x + 2$

Überprüfung:

Einsetzen von P_1 $\qquad \Rightarrow 3 = 1 + 2$

Dreisatz (2)

Umgekehrte Proportionalität

Je mehr, desto weniger

Gleichung: $\dfrac{a}{b} = \dfrac{d}{c} \Leftrightarrow a \cdot c = b \cdot d$

Beispiel:

5 Pferde (a) kommen mit einer bestimmten Futtermenge 16 Tage (c) aus.

Wie lange würde das Futter für 8 Pferde (b) reichen?

Größen ins Verhältnis setzen:

$\dfrac{5}{8} = \dfrac{x}{16} \qquad x = \dfrac{16 \cdot 5}{8} = 10 \text{ Tage}$

Überprüfung:

5 Pferde → 16 Tage

1 Pferd → 16 Tage · 5 = 80 Tage

8 Pferde → $\dfrac{80 \text{ Tage}}{8} = 10$ Tage

Lineare Funktion (6)

Bestimmung der Funktionsgleichung aus einem gegebenen Punkt und Steigung m

Gegeben: $P_1(3; 2)$ $m = -0{,}5$
Gesucht: Geradengleichung aus Punkt P und Steigung m
Formel: allgemeine Geradengleichung $f(x) = mx + b$

Rechnung:
Einsetzen der gegebenen Größen in die allgemeine Geradengleichung
$\Rightarrow 2 = -0{,}5 \cdot 3 + b$

Berechnung der fehlenden Größe b
$\Rightarrow b = 2 - (-0{,}5 \cdot 3)$
$\Rightarrow b = 3{,}5$

Lösung:
Die Geradengleichung lautet $f(x) = -0{,}5x + 3{,}5$

Prozentrechnung

G = Grundwert

W = Prozentwert

$p\,\%$ = Prozentsatz = $\dfrac{p}{100}$

Grundgleichung: $\dfrac{W}{p} = \dfrac{G}{100}$

Einige ausgewählte Prozentsätze und der entsprechende Anteil am Grundwert:

1 %	$\dfrac{1}{100}$
2 %	$\dfrac{1}{50}$
4 %	$\dfrac{1}{25}$
5 %	$\dfrac{1}{20}$
12,5 %	$\dfrac{1}{8}$
20 %	$\dfrac{1}{5}$
25 %	$\dfrac{1}{4}$
50 %	$\dfrac{1}{2}$
75 %	$\dfrac{3}{4}$

Lineare Funktion (5)

Schnittpunkt der Geraden mit der *x*-Achse:

Beispiel: $f(x) = x - 1$

Es gilt $y = 0$

$\Rightarrow 0 = x - 1$

$\Rightarrow x = 1$

Allgemeine Form:

$x_0 = -\dfrac{b}{m}$

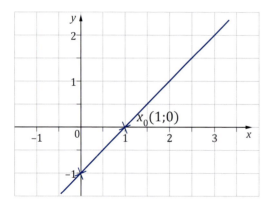

Zinsrechnung

K = Kapital
Z = Zinsen
p % = Zinssatz des Kapitals
q = Zinsfaktor

t = Anzahl der Tage
m = Anzahl der Monate
n = Anzahl der Jahre

Berechnung von Jahreszinsen:

$$Z = \frac{K \cdot p}{100} \quad Z_n = \frac{K \cdot p \cdot n}{100}$$

Berechnung von Monatszinsen:

$$Z_m = \frac{K \cdot p \cdot m}{100 \cdot 12}$$

Berechnung von Tageszinsen:

$$Z_t = \frac{K \cdot p \cdot t}{100 \cdot 360}$$

Berechnung der Rendite:

$$p = \frac{Z \cdot 100}{K}$$

Berechnung von Zinseszinsen:

$$K_n = K_0 \cdot q^n = K_0 \cdot \left(\frac{100 + p}{100}\right)^n \quad q = \left(\frac{100 + p}{100}\right)$$

$$n = \frac{\lg K_n - \lg K_0}{\lg q}$$

Lineare Funktion (4)

y-Achsenabschnitt:

Der Wert b als y-Achsenabschnitt zeigt an, an welchem Punkt die Gerade die y-Achse schneidet.

Beispiel: $f(x) = x - 1$

Es gilt $x = 0$

$\Rightarrow y = -1$

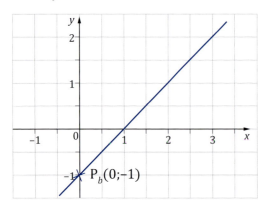

Diagramme (1)

Säulendiagramm

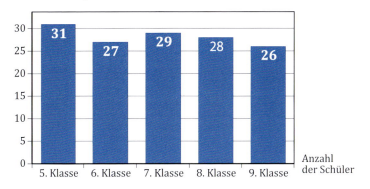

Plus-Minus-Diagramm

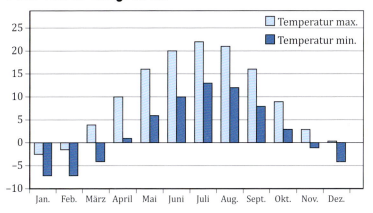

Lineare Funktion (3)

Für $m < 0$ gilt:
Die Gerade ist monoton fallend.

Beispiel: $f(x) = -\dfrac{4}{3}x + 4$

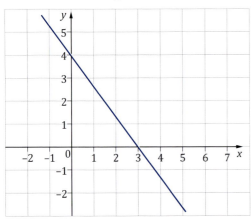

Diagramme (2)

Streifendiagramm

40 %	30 %	20 %	10 %
Pizza	Schnitzel	Sonstiges	Salate

Kreisdiagramm

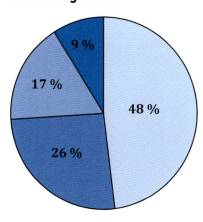

9 %
17 %
48 %
26 %

Balkendiagramm

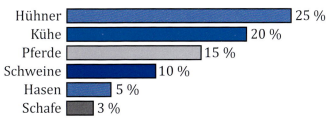

Hühner 25 %
Kühe 20 %
Pferde 15 %
Schweine 10 %
Hasen 5 %
Schafe 3 %

Lineare Funktion (2)

Für $m > 0$ gilt:
Die Gerade ist monoton steigend.

Beispiel: $f(x) = 2x - 1$

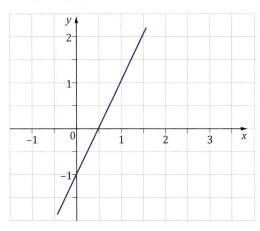

Mengenlehre: Mengenbeziehungen (1)

Mengengleichheit

Zwei Mengen A und B sind gleich, wenn sie aus denselben Elementen bestehen. Das heißt:

Jedes Element der Menge A ist auch Element der Menge B.

 $A = B$

Teilmenge

Eine Menge A ist eine echte Teilmenge von einer Menge B, wenn jedes Element von A auch Element von B ist und mindestens 1 Element von B nicht zu A gehört.

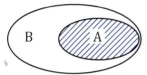 $A \subset B$

Schnittmenge

Die Schnittmenge ist die Menge aller Elemente, die gleichzeitig zu Menge A und zu Menge B gehören.

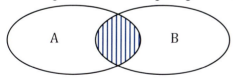 $A \cap B$

Lineare Funktion (1)

Lineare Funktion = Geradengleichung

Allgemeine Form

$f(x) = mx + b$

- b → y-Achsenabschnitt
- m → Steigung

Steigung der Geraden

Die Steigung m einer Geraden besagt, mit welcher Steilheit und in welchen Quadranten im Koordinatensystem die Gerade verläuft.

Formel: $m = \dfrac{y_2 - y_1}{x_2 - x_1} = \dfrac{\Delta y}{\Delta x}$ (mit $x_2 \neq x_1$)

mit beliebigen Punkten $A\,(x_1, y_1)$ und $B\,(x_2, y_2)$

Steigungsdreieck

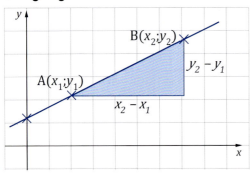

Mengenlehre: Mengenbeziehungen (2)

Vereinigungsmenge

Die Vereinigungsmenge ist die Menge aller Elemente, die zu Menge A oder zu Menge B oder zu beiden Mengen gehören.

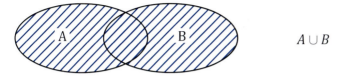

$A \cup B$

Differenzmenge

Die Differenzmenge ist die Menge aller Elemente, die zu Menge A, aber nicht zu Menge B gehören.

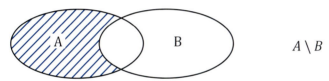

$A \setminus B$

Funktionen

Das Kartesische Koordinatensystem

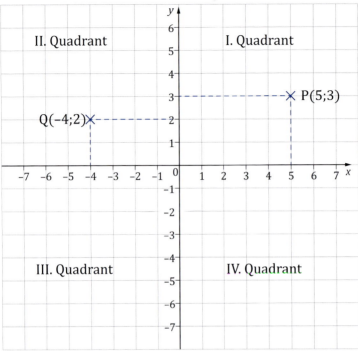

Mengenlehre: Intervalle

Abgeschlossenes Intervall

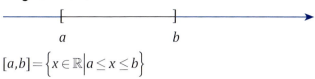

$[a,b] = \left\{ x \in \mathbb{R} \,\middle|\, a \leq x \leq b \right\}$

Offenes Intervall

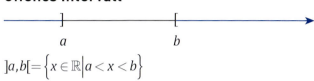

$]a,b[= \left\{ x \in \mathbb{R} \,\middle|\, a < x < b \right\}$

Rechtsoffenes Intervall

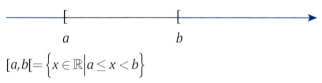

$[a,b[= \left\{ x \in \mathbb{R} \,\middle|\, a \leq x < b \right\}$

Linksoffenes Intervall

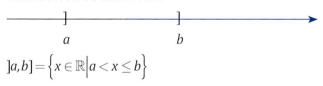

$]a,b] = \left\{ x \in \mathbb{R} \,\middle|\, a < x \leq b \right\}$

Zuordnungen (2)

3) Koordinatensystem
(siehe Wertetabelle S. 60)

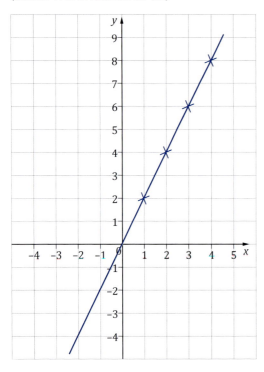

Zahlbereiche

	Zahlbereiche	Erläuterung
Natürliche Zahlen $\mathbb{N}$		
$\mathbb{N}$	$\{0, 1, 2, 3, 4, 5 \ldots \ldots\}$	
$\mathbb{N}^*$	$\{1, 2, 3, 4, 5 \ldots \ldots\}$	ohne Null
Ganze Zahlen $\mathbb{Z}$		
$\mathbb{Z}$	$\{\ldots., -2, -1, 0, 1, 2, 3 \ldots \ldots\}$	
$\mathbb{Z}^*$	$\{\ldots., -2, -1, 1, 2, 3 \ldots \ldots\}$	ohne Null
$\mathbb{Z}_+$	$\{0, 1, 2, 3 \ldots \ldots\}$	nicht negativ
$\mathbb{Z}_-$	$\{\ldots. -3, -2, -1, 0\}$	nicht positiv
Rationale Zahlen $\mathbb{Q}$		
$\mathbb{Q}$	$\left\{\dfrac{p}{q}, p, q \in \mathbb{Z}, q \neq 0\right\}$	
$\mathbb{Q}^*$	$\left\{\dfrac{p}{q}, p, q \in \mathbb{Z} \setminus \{0\}, q \neq 0\right\}$	ohne Null
$\mathbb{Q}_+$	$\left\{\dfrac{p}{q}, p, q \in \mathbb{N}, q \neq 0\right\}$	nicht negativ
$\mathbb{Q}_-$	$\left\{\dfrac{p}{q}, (p \in \mathbb{Z} \wedge q \in \mathbb{Z}_-) \vee (p \in \mathbb{Z}_- \wedge q \in \mathbb{Z}), q \neq 0\right\}$	nicht positiv
Reelle Zahlen $\mathbb{R}$		
$\mathbb{R}$	Umfasst alle Zahlen aus $\mathbb{Q}$ und die irrationalen Zahlen (unendliche nichtperiodische Dezimalbrüche), z. B. Kreiszahl π	

Zuordnungen (1)

Bei einer Zuordnung wird jedem Wert x aus einer Menge genau ein Wert y aus einer anderen Menge zugeordnet.

Arten der Darstellung

1) Wertetabelle

x	1	2	3	4
y	2	4	6	8

2) Funktionsgleichung

$x \rightarrow y$ mit $y = 2x$ $x \in \mathbb{Q}$

An Stelle von $y = 2x$ schreibt man auch $f(x) = 2x$, gelesen Funktion von x

Teiler und Vielfache natürlicher Zahlen (1)

Teiler

a heißt **Teiler** von b,
wenn es ein n ($n \in \mathbb{N}$) gibt, sodass
$a \cdot n = b$

$gT(a,b)$

Der **gemeinsame Teiler** $gT(a, b)$ von a und b teilt sowohl a als auch b.

$ggT(a, b)$

Der **größte gemeinsame Teiler** von a und b heißt $ggT(a, b)$

Vielfache

b heißt **Vielfaches** von a, wenn a ein Teiler von b ist.

$gV(a, b)$

$gV(a, b)$ heißt **gemeinsames Vielfaches** von a und b, wenn sowohl a als auch b Teiler von $gV(a, b)$ ist.

$kgV(a, b)$

Das **kleinste gemeinsame Vielfache** von a und b heißt $kgV(a, b)$

Exponentialgleichungen

Exponentialgleichung
$a^x = b$
mit $a,b \in \mathbb{R}; a > 0; a \neq 1; b > 0$

Lösungen

$x = \dfrac{\lg b}{\lg a}$ oder

$x = \dfrac{\ln b}{\ln a}$ oder

$x = \dfrac{\log_c b}{\log_c a}$ mit $c > 0, c \neq 1$

Teiler und Vielfache natürlicher Zahlen (2)

Primfaktorzerlegung

Die Primfaktorzerlegung ist die eindeutige Zerlegung einer Zahl in ein Produkt aus Primzahlen. Mithilfe der Primfaktorzerlegung lassen sich größte gemeinsame Teiler und kleinste gemeinsame Vielfache von natürlichen Zahlen bestimmen.

1. Bestimmung des $kgV(a, b)$

Beispiel:

Bestimme das $kgV(63, 45)$

$63 = 3 \cdot 21 \qquad 45 = 5 \cdot 9$

$63 = 3 \cdot 3 \cdot 7 \qquad 45 = 5 \cdot 3 \cdot 3$

Bei der Ermittlung des kgV wird jeder Primfaktor so häufig berücksichtigt, wie er am häufigsten in beiden Gleichungen vorkommt.

3 kommt in beiden Gleichungen zweimal vor (maximales Vorkommen), sodass der Primfaktor 3 zweimal berücksichtigt wird.

5 und 7 kommen jeweils nur einmal vor und können daher jeweils auch nur einmal berücksichtigt werden.

$63 = 3 \cdot 3 \cdot 7$

$45 = 5 \cdot 3 \cdot 3$

$kgV = 3 \cdot 3 \cdot 5 \cdot 7 = 315$

Quadratische Gleichungen (3)

Satz von Vieta

Sind von einer unbekannten quadratischen Gleichung x_1 und x_2 gegeben, so kann mittels des Satzes von Vieta die entsprechende Gleichung ermittelt werden.

Beispiel:

$x_1 = 5 \quad x_2 = 2$

Es gilt für die Allgemeine Form:

$x_1 + x_2 = -\dfrac{b}{a} \qquad 5 + 2 = -\dfrac{b}{a}$

$x_1 \cdot x_2 = \dfrac{c}{a} \qquad 5 \cdot 2 = \dfrac{c}{a}$

Jeweils nach b und c umstellen und in $ax^2 + bx + c = 0$ einsetzen.

$b = -7a \qquad c = 10a$

$ax^2 - 7ax + 10a = 0$

Es gilt für die Normalform:

$x_1 + x_2 = -p \qquad 5 + 2 = -p$
$x_1 \cdot x_2 = q \qquad 5 \cdot 2 = q$

p und q ermitteln und in $x^2 + px + q = 0$ einsetzen.

$x^2 - 7x + 10 = 0$

Teiler und Vielfache natürlicher Zahlen (3)

2. Bestimmung des $ggT(a, b)$

Der größte gemeinsame Teiler $ggT(a, b)$ von a und b ist das Produkt der höchsten Potenzen von Primfaktoren, die a und b gemeinsam sind.

Beispiel: Bestimme den $ggT(132, 84)$

Beide Zahlen werden nun in Produkte aus Primzahlen zerlegt. Dazu beginnt man mit der kleinsten Primzahl (hier: 2)

$132 = 2 \cdot 66$ $84 = 2 \cdot 42$
$132 = 2 \cdot 2 \cdot 33$ $84 = 2 \cdot 2 \cdot 21$
$132 = 2 \cdot 2 \cdot 3 \cdot 11$ $84 = 2 \cdot 2 \cdot 3 \cdot 7$

Bei der Ermittlung des ggT wird jeder Primfaktor so häufig berücksichtigt, wie er mindestens in beiden Gleichungen vorkommt:

- 2 kommt im Minimum zweimal vor und wird daher auch zweimal berücksichtigt.
- 3 kommt in beiden Gleichungen einmal vor und wird daher einmal berücksichtigt.
- 7 und 11 kommen jeweils nur in einer Gleichung vor, sodass sie nicht berücksichtigt werden.

$132 = 2 \cdot 2 \cdot 3 \cdot 11$
$84 = 2 \cdot 2 \cdot 3 \cdot 7$
$ggT = 2 \cdot 2 \cdot 3 = 12$

Quadratische Gleichungen (2)

Normalform

Gleichung:
$x^2 + px + q = 0$

Lösungen:
$$x_{1/2} = -\frac{p}{2} \pm \sqrt{\left(\frac{p}{2}\right)^2 - q}$$

Diskriminante:
$$D = \frac{p^2}{4} - q = \left(\frac{p}{2}\right)^2 - q$$

Lösungsfälle in $\mathbb{R}$:
$D > 0 \Rightarrow L = \{x_1; x_2\}$ (2 Lösungen)
$D = 0 \Rightarrow L = \{x_1\} = \{x_2\}$ (genau 1 Lösung)
$D < 0 \Rightarrow L = \emptyset$ (keine Lösung im Bereich $\mathbb{R}$)

mit $q, p \in \mathbb{R}$

Teiler und Vielfache natürlicher Zahlen (4)

Euklidischer Algorithmus

Auch der euklidische Algorithmus kann zur Bestimmung von größten gemeinsamen Teilern und kleinsten gemeinsamen Vielfachen herangezogen werden.

1. Bestimmung des $ggT(a, b)$

Beispiel:

Bestimme den $ggT(132, 84)$

$132 : 84 \rightarrow 1 \quad$ Rest 48

$84 : 48 \rightarrow 1 \quad$ Rest 36

$48 : 36 \rightarrow 1 \quad$ Rest 12

$36 : 12 \rightarrow 3 \quad$ Rest 0

$ggT(132, 84) = 12$

Quadratische Gleichungen (1)

Allgemeine Form

Gleichung:
$ax^2 + bx + c = 0$

Lösungen:
$$x_{1/2} = \frac{-b \pm \sqrt{b^2 - 4ac}}{2a}$$

Diskriminante:
$D = b^2 - 4ac$

Lösungsfälle in $\mathbb{R}$:
$D > 0 \Rightarrow L = \{x_1; x_2\}$ (2 Lösungen)
$D = 0 \Rightarrow L = \{x_1\} = \{x_2\}$ (genau 1 Lösung)
$D < 0 \Rightarrow L \varnothing$ (keine Lösung im Bereich $\mathbb{R}$)

mit $a, b, c \in \mathbb{R}$ und $a \neq 0$

Teiler und Vielfache natürlicher Zahlen (5)

2. Bestimmung des $kgV(a, b)$

Allgemeine Form:

$$kgV(a, b) = \frac{a \cdot b}{ggT(a,b)}$$

Beispiel:

$$kgV(63,45) = \frac{63 \cdot 45}{ggT(63,45)}$$

Bestimmung $ggT(63,45)$:

$63 : 45 \to 1 \quad$ Rest 18

$45 : 18 \to 2 \quad$ Rest 9

$18 : 9 \to 2 \quad$ Rest 0

$ggT(63,45) = 9$

$kgV(63,45) = \dfrac{63 \cdot 45}{9} = 315$

Teilerfremd:

Zwei Zahlen a, und b gelten als teilerfremd, wenn $ggT(a, b) = 1$ und $kgV(a,b) = a \cdot b$

Lineare Gleichungen mit 2 Variablen (5)

Beispiel
a) $2x + 4y = 12$
b) $4x + 5y = 9$

Wertetabelle Gleichung a

x	Y
0	3
2	2
4	1

Wertetabelle Gleichung b

x	Y
1	1
2	$\frac{1}{5}$
3	$-\frac{3}{5}$

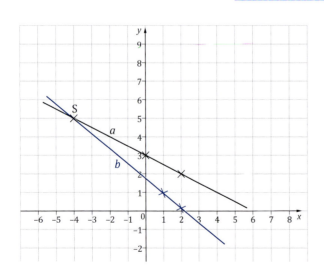

Teilbarkeitsregeln

Teiler	Regel mit $n \in \mathbb{N}^*$
$n \in \mathbb{N}^*$	Null ist durch jede Zahl $\in \mathbb{N}^*$ teilbar (nur nicht durch sich selbst)
n	Jede Zahl n ist durch sich selbst teilbar.
1	Jede Zahl n ($n \in \mathbb{N}$) ist durch 1 teilbar.
2	Eine Zahl ist durch 2 teilbar, wenn ihre letzte Ziffer durch 2 teilbar ist.
3	Eine Zahl ist durch 3 teilbar, wenn ihre Quersumme (Summe aller Ziffern) durch 3 teilbar ist.
4	Eine Zahl ist durch 4 teilbar, wenn ihre letzten beiden Ziffern eine durch 4 teilbare Zahl ergeben.
5	Eine Zahl ist durch 5 teilbar, wenn ihr letzte Ziffer durch 5 teilbar ist.
6	Eine Zahl ist durch 6 teilbar, wenn sie durch 2 und durch 3 teilbar ist.
8	Eine Zahl ist durch 8 teilbar, wenn ihre letzten 3 Ziffern eine durch 8 teilbare Zahl ergeben.
9	Eine Zahl ist durch 9 teilbar, wenn ihre Quersumme (Summe aller Ziffern) durch 9 teilbar ist.
10	Eine Zahl ist durch 10 teilbar, wenn ihre letzte Ziffer eine 0 ist.

Lineare Gleichungen mit 2 Variablen (4)

Fall 2
Beide Geraden verlaufen parallel zueinander.

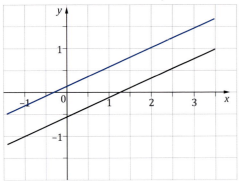

Fall 3
Die Geraden liegen aufeinander.

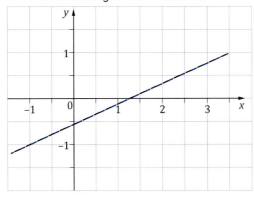

Fakultät

Fakultät $n!$

gesprochen: n Fakultät

$n \in \mathbb{N}^*$

$n! = 1 \cdot 2 \cdot 3 \cdot 4 \ldots (n-1) \cdot n$

Besonderheiten:

$0! = 1$

$1! = 1$

$(n+1)! = n! \cdot (n+1)$

n	2	3	4	5	6	7	8
n!	2	6	24	120	720	5040	40320

Lineare Gleichungen mit 2 Variablen (3)

Graphische Lösung

(1) x und y Wertetabelle für beide Gleichungen erstellen
(2) Geraden in ein zweidimensionales Koordinatensystem zeichnen

Fall 1

Die Geraden schneiden sich in einem Punkt mit den Koordinaten (x,y).

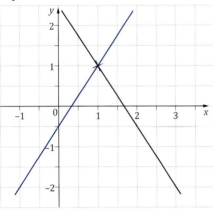

Lineare Gleichungen mit 1 Variablen

Berechnen von x bzw. Umstellen nach x

Addition
$x + a = b \qquad /-a$
$x = b - a$

Subtraktion
$x - a = b \qquad /+a \qquad\qquad a - x = b \qquad /-a$
$x = b + a \qquad\qquad\qquad\quad\; -x = b - a \qquad /\cdot(-1)$
$\qquad\qquad\qquad\qquad\qquad\qquad\;\; x = -b + a$

Multiplikation
$a \cdot x = b \quad /:a$
$x = \dfrac{b}{a}$

Division
$a : x = b \qquad /\cdot x \qquad\qquad x : a = b \qquad /\cdot a$
$a = b \cdot x \qquad /:b \qquad\qquad x = b \cdot a$
$\dfrac{a}{b} = x$

Mit mehreren Variablen x

Gleichungen mit mehreren Variablen x stellt man um, indem alle Werte mit x auf eine Seite gebracht werden.

$x + a = 2x - b \qquad /-x$
$+a = x - b \qquad\quad\; /+b$
$a + b = x$

Lineare Gleichungen mit 2 Variablen (3)

3. Lösung durch Additionsverfahren

Beispiel:

$2x + 4y = 12$
$4x + 5y = 9$

1.	Beide Gleichung addieren bzw. subtrahieren, um eine Gleichung mit nur einer Variablen (z. B. *x*) zu erhalten	$2x + 4y = 12 \;/\cdot 5$ $4x + 5y = 9 \;/\cdot (-4)$ $10x + 20y = 60$ $\underline{-16x - 20y = -36}$ $-6x = 24$
2.	Gleichung nach *x* auflösen	$x = -4$
3.	*x* in eine Ausgangsgleichung einsetzen	$-8 + 4y = 12$
4.	*y* berechnen	$y = 5$

Lineare Gleichungen mit 2 Variablen (1)

Normalform

$a_1 x + b_1 y = c_1$
$a_2 x + b_2 y = c_2$

Beispiel:

$2x + 4y = 12$
$4x + 5y = 9$

mit $a_1, a_2, b_1, b_2, \in \mathbb{R}$

1. Lösung durch Einsetzungsverfahren

1.	Erste Gleichung nach x umstellen	$x = 6 - 2y$
2.	x in der zweiten Gleichung ersetzen	$4(6 - 2y) + 5y = 9$
3.	y mit der zweiten Gleichung berechnen	$24 - 8y + 5y = 9$ $24 - 3y = 9$ $-3y = -15$ $y = 5$
4.	y in die erste Gleichung einsetzen	$x = 6 - 2 \cdot 5$
5.	x mit der ersten Gleichung berechnen	$x = -4$

Lineare Gleichungen mit 2 Variablen (2)

2. Lösung durch Gleichstellungsverfahren

Beispiel:

$2x + 4y = 12$
$4x + 5y = 9$

1.	Beide Gleichungen nach x auflösen	$x = 6 - 2y$ $x = \dfrac{9}{4} - \dfrac{5}{4}y$
2.	Gleichungen gleichsetzen	$6 - 2y = \dfrac{9}{4} - \dfrac{5}{4}y$
3.	y berechnen	$\dfrac{24}{4} - \dfrac{8}{4}y = \dfrac{9}{4} - \dfrac{5}{4}y$ $-\dfrac{3}{4}y = -\dfrac{15}{4}$ $y = 5$
4.	y in eine Ausgangsgleichung einsetzen	$x = 6 - 2 \cdot 5$
5.	x berechnen	$x = -4$